从小爱科学——生物真奇妙（全9册）

再见，
凤仙花！

［韩］南瓜星　著

［韩］李明爱　绘

千太阳　译

石油工业出版社

今天妈妈的指甲显得格外闪亮。

"妈妈，我也想要跟你一样漂亮的指甲。"

"不行，这是大人专用的东西……啊！不过，妈妈可以给你一些种子。"

"种子？"

"你把这些种子种在土里就会开出漂亮的花来。到时候，你就可以用这些花将自己的指甲染红了。"

妈妈递给小莲一些种子。

"哇哦，真的是种子。不过，这种花叫什么名字？"

"它的名字叫凤仙花。"

妈妈给的种子很小，整体呈黑色。

"种下这些种子，真能开出花来吗？"

"那当然！"

凤仙花，又
"指甲花"。
4—5月播下
子，凤仙花就
在6月之后开
花来。

　　小莲兴致勃勃地换下衣服，连忙跑到院子里，然后跟妈妈一起挖了些小坑，再撒下种子并盖上了一层薄土。

　　"妈妈，还要等多长时间才能开花呀？"

　　"只要你悉心照料，应该一个多月后就能开出花来。"

　　"那我要每天都给它浇水，好好照顾它。"

撒下种子，再盖上了
一层薄土。

小莲每天都会到院子里目不转睛
地望着种下凤仙花的地方。

"小莲，你再盯下去，凤仙花的种子就害羞得不敢发芽了。"

妈妈晾着衣服笑着说。

小莲连忙后退了两步。

凤仙花的小芽什么时候能钻出土壤呢？

暖和的春风徐徐吹来。

小莲忙着四处玩耍，早就将凤仙花的事情忘得一干二净。

在这段期间，凤仙花的种子已经向外伸出了根。

小根卖力地朝地下延伸，然后通过根毛不断地吸收土壤中的水分和养分。

有一天，小莲飞出去的纸飞机落在种下凤仙花的花圃里。

纸飞机落下的地方正有一棵圆溜溜的可爱的小芽朝着天空伸展着双臂。

"妈妈，种子发芽了！"

小莲兴奋得手舞足蹈。

几天后，嫩芽的中间长出了修长的叶子。

"妈妈，它们好像跟最先长出来的嫩叶不一样呢？"

"最先长出来的圆叶子叫子叶，子叶中间长出来的修长的叶子叫真叶。子叶的作用是为种子萌发时或幼苗生长时提供营养。"

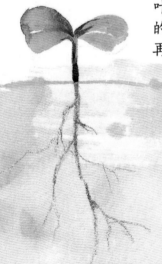

最先长出圆圆的子叶。

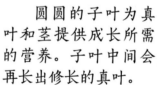

圆圆的子叶为真叶和茎提供成长所需的营养。子叶中间会再长出修长的真叶。

长长尖尖的主叶越来越多了，茎也不断往上长，变得越来越粗壮了。

茎变粗，植物长高。

垂直的茎上长出许多叶子。

下了一天的雨。

小莲穿着黄色的雨衣，贴心地为凤仙花撑上了雨伞。

"凤仙花喜欢水。你应该让它多淋一些雨。"妈妈说道。

小莲虽然有点担忧，但还是听从妈妈的话，挪开雨伞，让凤仙花暴露在雨中。

有一天，凤仙花茎上结出了圆
溜溜的花骨朵。

没过多久，原本呈绿色的花骨
朵渐渐地变成了红色。

"哇哦，这是打算开花了吗？"
小莲盯着花骨朵说道。

小莲翘首以盼凤仙花盛开的一刻。

当天晚上，她还做了凤仙花绽放的美梦。

第二天，小莲早早地起床，来到了院子里。

天啊！

她看到昨晚在梦中见过的凤仙花真的在花圃里齐齐绽放。

翩翩起舞的蝴蝶和嗡嗡歌唱的蜜蜂也到访凤仙花花圃，正兴高采烈地吸着花蜜。

凤仙花开在 7—10 月。

天气变得越来越炎热。

"小莲，趁着凤仙花还没有凋谢，我们不如一起染指甲吧？"

"好呀，好呀！"

小莲小心翼翼地摘下一片片凤仙花花叶。

软软的花叶带着一股清新的芳香。

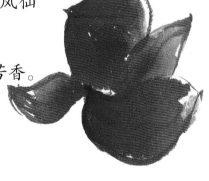

　　小莲用石臼将采集的凤仙花花叶捣烂，然后捏成圆圆的一团，小心地放在指甲上。

　　"接下来，我们就要用塑料袋包住手指，再缠上一圈线，防止它脱落下来。"

　　小莲伸着十指，笑得合不拢嘴。

　　"凤仙花呀，凤仙花。你一定要将我的指甲染得漂亮一点！"

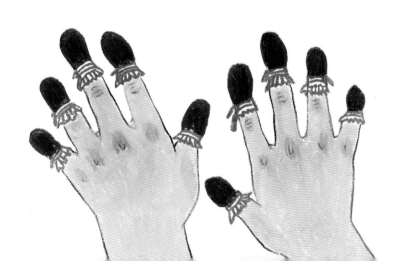

凤仙花辛勤地结着果实。

被白色的绒毛包裹着的果实，摇摇晃晃地
挂在茎上，看起来好不可爱。

果实里坐落着密密麻麻的种子，正在做"出门"的准备。

　　凤仙花果实成熟后，哪怕受到微风的吹拂也会立即爆裂开来。
　　种子们会借助这股力量扩散到很远的地方。

嘭嘭嘭！啪啪啪！

这是什么声音？

这是凤仙花果实爆炸的声音。

果实炸裂时，里面的种子会散落到周边的土壤上。

小莲张开被红色的凤仙花染红的手指，朝着向外飞去的种子们打招呼道：

"再见，凤仙花！"

种子发芽
需要什么
条件

植物的种子发芽、生长、开花、结果，最终再次成为种子的过程，我们称之为"植物的一生"。植物想要生长，首先需要让种子发芽。然而，种子并不是只要种下就能发芽的。种子想要发芽，就要具备水、氧气及适当的温度。

土壤里的种子相当于处在睡眠状态。水可以让处在睡眠中的种子苏醒过来。吸收水分的种子就会变得活跃起来。

另外，植物会通过呼吸作用来获得发芽所需的能量。

因此，没有氧气就无法让种子发芽。

太冷或太热，同样无法让种子发芽。在播种的时候，若是将种子埋藏在太深的地方，种子就无法发芽。那是因为地底深处不但缺氧，而且还很冷。不过，即使有水和氧气及适当的温度环境，有些刚刚落下的种子也不会马上发芽的，因为它们有一段休眠期。

▲发芽的葵花种子

种子是如何传播的

植物无法像动物那样移动，所以会通过各种方法传播种子。大波斯菊和半枝莲会在原地落下种子。因此，它们基本都是一长一大片。

凤仙花、豌豆、堇（jǐn）菜则会借助果实爆裂的力量传播种子。通过这种方法传播的种子，虽然无法飞到太远的地方，但可以均匀地散播到周围。

有些植物的种子是黏在动物的身上传播的。苍耳、鬼针草、豨莶（xī xiān）草等植物的种子上都长有钩子或细毛，可以轻松黏在动物的身体上。

另外，蒲公英、枫树、松树等植物的种子上则带着绒毛或羽毛状的"伞"，所以能够借助风力传播到很远的地方。

莲花、椰子树等植物的果实中长有气囊状的东西，所以可以长时间漂浮在水中，进而传播种子。

▼在风中飘扬的蒲公英种子

1 小莲种在院子里的是什么植物的种子？

①鸡冠花　　　②百合花　　　③凤仙花　　　④半枝莲

2 观察下面的图片，排列凤仙花一生的顺序，再将对应的序号填入 [　　]

① 　② 　③ 　④

 → → →

3 凤仙花会借助果实爆裂的力量传播种子。那带有绒毛或"翅膀"，可以借助风力飞到很远的地方传播种子的植物都有什么？